BEI GRIN MACHT SICH IHR WISSEN BEZAHLT

- Wir veröffentlichen Ihre Hausarbeit, Bachelor- und Masterarbeit

- Ihr eigenes eBook und Buch - weltweit in allen wichtigen Shops

- Verdienen Sie an jedem Verkauf

Jetzt bei www.GRIN.com hochladen und kostenlos publizieren

Bibliografische Information der Deutschen Nationalbibliothek:

Die Deutsche Bibliothek verzeichnet diese Publikation in der Deutschen National-
bibliografie; detaillierte bibliografische Daten sind im Internet über http://dnb.d-
nb.de/ abrufbar.

Impressum:

Copyright © 2019 GRIN Verlag
Druck und Bindung: Books on Demand GmbH, Norderstedt Germany
ISBN: 9783668931527

Dieses Buch bei GRIN:

https://www.grin.com/document/469314

Michel Felgenhauer

Modell kleiner aperiodischer Wellen

Zur Strömungswirklichkeit synthetischer Wasserwellen

GRIN Verlag

Modell kleiner aperiodischer Wellen
Zur Strömungswirklichkeit Synthetischer Wasserwellen

Michel Felgenhauer, Berlin im April 2019

Zusammenfassung. Der Aufsatz behandelt synthetische Wellen und deren Strömungswirklichkeit an und nahe der Phasengrenze. Das Modell einer „aperiodisch-singulären Laborwelle" wird durch Ersatzfunktionen vollständig abgebildet und die theoretischen Grundlagen ihrer Physik erörtert. Die das Wellenereignis hervorrufenden Störungen sind von kleiner Intensität und die synthetische Laborwelle besitzt Eigenschaften des klassischen Kapillarwellenmodells. Die aperiodische Laborwelle ist in generalisierten Koordinaten beschrieben. Die Ausführungen sind Grundlage für ein numerisches Modell.

Schlagworte: synthetische Welle; aperiodisches, singuläres Wellenereignis; Störung der Phasengrenze; Orbitalbewegung.

Summary. The article discusses synthetic waves and their flow reality at and near the phase boundary. The model of an "aperiodic-singular laboratory wave" is fully represented by substitute functions and the theoretical foundations of its physics are discussed. The disturbances causing the wave event are of low intensity and the synthetic laboratory wave has properties of the classical capillary wave model. The aperiodic laboratory wave is described in generalized coordinates. The designs are the basis for a numerical model.

Riepilogo. L'articolo discute le onde sintetiche e la loro realtà di flusso a e vicino al confine di fase. Il modello di un'onda da laboratorio aperiodico-singolare è completamente rappresentato da funzioni sostitutive e vengono discusse le basi teoriche della sua fisica. I disturbi che causano l'evento dell'onda sono di bassa intensità e l'onda di laboratorio sintetica ha proprietà del modello di onda capillare classica. L'onda aperiodica di laboratorio è descritta in coordinate generalizzate. I disegni sono la base per un modello numerico.

Über kleine Wellen

Wird die Phasengrenze zwischen einem gasförmigen und einem flüssigen Fluid gestört, entsteht eine Transversalwelle. Strömungsphänomene an der Phasengrenze sind seit Anbeginn physikalischer Beschreibungen unserer Welt Gegenstand experimenteller, analytischer und theoretischer Untersuchungen. Gleichsam gibt es heute keine vollständig geschlossene Physik der fluidischen Oberflächenwelle. Allerdings weiß man viel und kann zeigen, dass bei sehr kleinen Störungen Wellenform und Wellenausbreitungseigenschaften in erster Linie von der Oberflächenspannung des Fluids abhängen. Dies ist bis zu einer Wellenlänge von etwa 10 mm der Fall. Mit steigender Wellenlänge gehen diese Kapillarwellen genannten Wellen in Schwerewellen über, bei denen der Einfluss der Schwerkraft überwiegt[1]. Bei den gebräuchlichen rezenten Wellenmodellen dominiert der Sinudiale, periodische Ansatz. Das macht die Modellwelle mathematisch nahezu geschlossen beschreibbar, trifft aber nicht immer die jeweilige Fragestellung. So in unserem Fall. Jene Wellen, die hier untersucht werden wollen, sind klein; ihre Amplituden sind weniger als 20 mm groß, eher kleiner; sie sind energiearm. Was für Kapillarwellen als erste Annäherungsrichtung spräche. Gleichzeitig sind die physikalischen Modelle der Kapillarwellen deutlich von strukturmechanischen Ansätzen dominiert. Möchte man sich diesen kleinen Wellen semantisch oder vielleicht sogar praktisch nähern und wirft einen kleinen Stein in den ruhenden See, befürchtet man sofort, dass eine Einordnung als periodische Sinus-Welle nicht unbedingt überzeugt, denn für sehr kleine Amplituden erscheint die Phasengrenze irgendwie „störrig-elastisch", vergesslich über die Laufzeit und unwillig die Information der Störung weiterzugeben. Auch die Umgebung der Welle stellt sich desinteressiert; kaum ist die Störung durch, kehrt in der Nähe des Einschlags die Phasengrenze zur Tagesordnung zurück. Dies spricht für die Einordnung kleiner Wellen als ein eher aperiodisches Strömungsereignis. Dagegen spricht, dass eine Recherche wenig bis keine Literatur zum kleinskalig-singulären, aperiodischen Störereignis an der Phasengrenze gibt. Zumal der Fokus unserer Untersuchungen auf dem Wechselwirkungsgeschehen unterhalb der Fluidoberfläche liegt. Offensichtlich komme ich um die Formulierung einer sehr speziellen solitonen, gleichzeitig aber auch sehr kleinen Welle, die als singuläres und damit nichtperiodisches Störereignis der Phasengrenze betrachtet werden kann, eine synthetische Welle, nicht herum.

---

[1] Kapillarwellen sind Transversalwellen an einer Flüssigkeitsoberfläche, deren Eigenschaften inklusive der Ausbreitungsgeschwindigkeit hauptsächlich von der Oberflächenspannung der Flüssigkeit abhängen. Dies ist bis zu einer Wellenlänge von etwa einem Zentimeter der Fall. https://de.wikipedia.org/wiki/Kapillarwelle

Kapillarwellen

Eine Laborwelle ist natürlich schon auf den ersten Blick und per Definition ein Artefakt. Ein Modell. Als aperiodisches Störereignis an der Phasengrenze hat sie kein reales Vorbild. Ihr habituelles Gegenstück aus der unbelebten Natur ist wahrscheinlich am ehesten das Kapillarwellensystem beziehungsweise das Modell dessen. Wir sehen eine Wellenkontur $y_W = f(x)$. Nein, wir sehen sie natürlich nicht, aber vor unserem geistigen Auge wenden wir das Konzept der Kapillarwelle auf ein beliebiges (meinetwegen virtuelles) Wellenereignis an. Reale Kapillarwellen sind physikalisch in erster Linie bestimmt von der Oberflächenspannung σ des Fluides, das die Phasengrenze bildet. In der Literatur hat die Oberflächenspannung interessanterweise die Einheit N/m.

Semantisch beschrieben ist die Oberflächenspannung die an Phasengrenzen von Fluidpaarungen (Gas-Flüssigkeit) auftretende Erscheinung, ihre Oberfläche klein zu halten. Aus thermodynamischer Sicht stammt die Oberflächenspannung aus der Energie pro Flächeneinheit, die bei konservativen Systemen ein Minimum (an innerer Energie) anstrebt. Die Oberfläche einer Flüssigkeit verhält sich dann wie eine gespannte, elastische Membran[2].

Diese Grenzflächenspannung wird in den SI-Einheiten $[kg/s^2]$ gemessen; dies ist gleichbedeutend mit der Einheit Nm^{-1}. Die Oberflächenspannung tritt infolge von Molekularkräften auf. An der Phasengrenze ändert sich die Dichte des Fluids sprunghaft im Bereich weniger Moleküllängen, bis sie konstant auf dem Wert des Flüssigkeitsinneren bleibt. Anders als bei einem (rundum geschlossenen) Kontinuum fehlt an einer Phasengrenze die senkrecht auf der Oberfläche stehende Kraftkomponente. Es herrscht gegenüber dem Kontinuumsmodell ein Ungleichgewicht in der Kraftverteilung. Die Geometrie der Phasengrenze bewirkt, dass hier an der Flüssigkeitsoberfläche Kräfte in horizontaler Richtung wirken. Oberflächenspannung ist in diesem Sinne eine ziehende Kraft. Ihre Wirkungsrichtung ist parallel zur Flüssigkeitsoberfläche.

Nach dieser Interpretation steht eine Phasengrenze stets unter Spannung[3]. Ihre Modellvorstellung ähnet damit eher einer gespannten Saite, einer beaufschlagten Membran. Die Einheit Nm^{-1} ergibt in der Betrachtung der Welle nur dann einen Sinn, wenn die Oberflächenspannung mit einer weiteren geometrischen Größe auftretend betrachtet und ähnlich wie bei Seifenblasen-

---

[2] Die Oberflächenspannung ist die infolge von Molekularkräften auftretende Erscheinung bei Flüssigkeiten, ihre Oberfläche klein zu halten. Die Oberfläche einer Flüssigkeit verhält sich ähnlich einer gespannten, elastischen Folie. https://de.wikipedia.org/wiki/Oberfl%C3%A4chenspannung

[3] Eine Flüssigkeitsoberfläche kann somit mit einer leicht gespannten dünnen Folie verglichen werden, bloß dass die Spannung nicht von der Dehnung abhängt.

modellen die herrschende Physik gerne über geometrische Parameter der Phasengrenze motiviert und mit dem Krümmungsradius R argumentiert wird. Das Kräftegebaren an der Phasengrenze hegt die Form der Wellenoberfläche ein. Weil die Oberflächenspannung parallel zur Flüssigkeitsoberfläche angreift, gleicht sie lokal abweichende Krümmungen aus. Dieses über Gruppenprozesse getragene Strömungsphänomen macht die Modellierung dieser kleinen Wellen so speziell. Verallgemeinernd kann gesagt werden, dass die Physik der somit krümmungselastischen Phasengrenze Gestalt- und Prozesseigenschaften der Kapillarwelle formt. Das Zeitverhalten der sich ausbreitenden Kapillarwelle weist dann auch einige mechanische Besonderheiten auf; so haben Kapillarwellen eine anomale Dispersion. Das bedeutet, dass die Ausbreitungsgeschwindigkeit c der Kapillarwelle mit steigender Wellenlänge λ abnimmt. Das impliziert natürlich den Gedanken, dass sich diese (die Wellenlänge) im Verlauf der Ausbreitung vergrößert. Die Kapillarwelle entspannt sich mit der Laufzeit und mit der Ausbreitung. Hier stelle man sich wieder das Membranenmodell vor. Die Wellenlänge λ ist das geometrische Maß einer vollen Periode der Welle. Für eine volle Periode benötigt die Welle die Zeit T [s]. Die (Wellenausbreitungs-) Frequenz einer (Kapillar-) Welle ist $f=T^{-1}$. Die Amplitude der Kapillarwelle sei H. Am Scheitelpunkt y=H ist der Krümmungsradius R_W gerade der zweiten Ableitung der Wellenkonturkurve y(x) proportional. Die Kontur der Kapillarwelle an der Phasengrenze sei sinusähnlich angenommen (sinudial). Der Krümmungsradius R_W steht orthogonal auf der Tangente an einem beliebigen Punkt auf der Kontur y(x) an der Phasengrenze.

Krümmungsradius $\qquad\qquad\qquad\qquad R_W = a\, y''(x)$

Der Zusammenhang der Oberflächenspannung σ (und entsprechend der SI-Einheit $[kg/s^2]$) mit dem Krümmungsradius $R_W = f(x)$ der Kapillarwelle ist dann einfach zu verstehen, wenn wir die an der Phasengrenze tangential wirkenden Kräfte mit dem so genannten Kapillardruck beschreiben:

Kapillardruck an der Phasengrenze: $\qquad\qquad p_K = \sigma / R_W \quad [Nm^{-2}]$

Aufgrund des transienten Verhaltens ist die Wellenausbreitungsgeschwindigkeit c der Kapillarwelle eine Funktion der Wellenlänge λ; mit der Dichte des Fluids ρ erhalten wir:

Wellenausbreitungsgeschwindigkeit $\qquad\qquad c = (2\,\pi / \rho\ / \lambda)^{-1/2}$

Die Wellenlänge λ sei ihrerseits transient: $\lambda = \lambda(x,t)$. Die Form $y(x,t)$ der Oberflächenkontur der Kapillarwelle finden wir im sinudialen Fall entsprechend der Wellengeichung:

Wellenform:$\qquad\qquad y(x) = H \sin(2\pi\, x\, \lambda)$

Für den dieserart sinudealen Ansatz der Wellenform erhalten wir aus der einschlägigen Literatur zunächst keine Hinweise über das Strömungsgeschehen unterhalb der Phasengrenze. Aber genau darauf zielt das Wellenmodell, von dem dieser Aufsatz berichtet.

Eine Welle aus Ersatzfunktionen. Synthetische Welle.

Bezierkurven. Ein Spline[4] n-ten Grades ist eine Funktion, die stückweise aus Polynomen (n-ten Grades) zusammengesetzt ist. Dabei werden an den Stellen, die zwei Polynomstücke koppeln, bestimmte Bedingungen gestellt, etwa dass der Spline (n-1)-mal stetig differenzierbar sei. Ist der Spline eine stückweise lineare Funktion, so heißt er linear (Polygonzug); analog gibt es quadratische, kubische Splines usw. Der Begriff Spline wurde zuerst in einer englischen Veröffentlichung von Isaac Jacob Schoenberg[5] im Jahr 1946 für glatte, harmonische, zusammengesetzte mathematische Kurven dritten Grades eingeführt. Splines dienen der Interpolation und Approximation von Kurven aus vorgegebenen Wertemengen, beispielsweise Berechnungs- oder Messdaten. Durch ihre stückweise Definition sind sie flexibler als Polynome und dennoch relativ einfach. Namensgebend ist die in der Schiffskonstruktion und Yachtdesign verwendete elastische „Straklatte" (engl.: spline), eine Art flexibles Lineal das an einigen Stützstellen (Knoten) durch Gewichte (Molche) fixiert wird

---

[4] In the mathematical subfield of numerical analysis, a B-spline, or basis spline, is a spline function that has minimal support with respect to a given degree, smoothness, and domain partition. Any spline function of given degree can be expressed as a linear combination of B-splines of that degree. Cardinal B-splines have knots that are equidistant from each other. B-splines can be used for curve-fitting and numerical differentiation of experimental data. In computer-aided design and computer graphics, spline functions are constructed as linear combinations of B-splines with a set of control points. https://en.wikipedia.org/wiki/B-spline

[5] Isaac „Iso" Jacob Schoenberg (* 21. April 1903, Galați, Rumänien; † 21. Februar 1990) war ein rumänisch-amerikanischer Mathematiker, bekannt für die Entdeckung von Splines. https://de.wikipedia.org/wiki/Isaac_Jacob_Schoenberg

und eine (natürlich) gekrümmte Linie abbildet. Die spontane Assoziation des Satzes von Castigliano[6] ist absolut gerechtfertigt.

Die Krümmung der Straklatten-Kurve entspricht der eines kubischen Splines; durch die an Normalkraft freien Lagerungen an den Stützstellen ist die Spannungsenergie der Straklatte minimiert, sie weisen eine minimale Gesamtkrümmung auf. Jedes Teilstück der Kurve ist dabei durch eine kubische Parabel mit den Koeffizienten a_i, b_i, c_i und di definiert.

kubische Parabel $a_i x^3 + b_i x^2 + c_i x + d_i$

Die hier verwendeten kubischen Splines sind zweimal stetig differenzierbar. Alle gegebenen Punkte sind Stützstellen der Kurve und zugleich Nahtstellen zwischen den Teilkurven. In den Stützstellen stimmen jeweils sowohl beide Funktionswerte der zusammentreffenden Teilkurven, als auch die ersten S'i(xi) und die zweiten Ableitungen S''i(xi)`an der Stelle i überein (lead in, lead out). Es seien n+1 Punkte (x0|y0), (x1|y1) ... (xn|yn) gegeben, wobei x0 < x1 < ... < xn gelten soll. Zur Ermittlung der Koeffizienten werden n Teilstücke des Splines definiert. Die nachfolgenden Ausführungen sind einem Aufsatz über kubische Splines entnommen[7]. Vielleicht überspringen Sie dies ganz einfach. Oder auch nicht.

Teilstück des Splines: Si(x) = ai(x-xi)³ + bi(x-xi)² + ci(x-xi) + di
Hier soll gelten: 0 ≤ i < n ist und es sei Si(x) das Kurvenstück zwischen den Punkten (xi|yi) und (xi+1|yi+1). Die Teilstücke in den gegebenen Punkten sollen nahtlos ineinander übergehen, so dass gilt:
Si-1(xi) = Si(xi) = yi für 1 < i ≤ n.
Mit Si(xi) = yi folgt sofort di = yi, weil alle (xi-xi) in Si(xi) = ai(xi-xi)³ + bi(xi-xi)² + ci(xi-xi) + di = yi zu Null werden. Wegen Si-1(xi) = Si(xi) gilt:

ai-1(xi-xi-1)³ + bi-1(xi-xi-1)² + ci-1(xi-xi-1) + di-1 = ai(xi-xi)³ + bi(xi-xi)² + ci(xi-xi) + di

also: ai-1(xi-xi-1)³ + bi-1(xi-xi-1)² + ci-1(xi-xi-1) + di-1 = di   *(1)*

In allen gegebenen Punkten haben die gekoppelten Teilkurven gleiche Tangenten, so dass gilt:
S'i-1(xi) = S'i(xi) mit der ersten Ableitung von Si(xi):   S'i(x) = 3ai(x-xi)² + 2bi(x-xi) + ci und somit:

---

[6] Der Satz von Castigliano (nach Carlo Alberto Castigliano) ist Grundlage für verschiedene Berechnungsmethoden in der technischen Mechanik. Er beruht auf einem Energieansatz und ermöglicht die relativ einfache Berechnung ausgewählter Größen. Die partielle Ableitung der in einem linear elastischen Körper gespeicherten Formänderungsenergie nach der äußeren Kraft ergibt die Verschiebung v k des Kraftangriffspunktes in Richtung dieser Kraft. https://de.wikipedia.org/wiki/Satz_von_Castigliano
[7] [Die 17] Dienst, Mi. (2017) Validierung einer potentialtheoretischen Berechnung mit einem 2D-CFD-Verfahren. Beitrag zur Ermittlung der Strömungswirklichkeit von Surfboardfinnen. GRIN-Verlag GmbH München, ISBN(e-Book): 9783668447172, ISBN(Buch): 9783668447189

$$S'_{i-1}(x_i) = S'_i(x_i)$$
$$3a_{i-1}(x_i-x_{i-1})^2 + 2b_{i-1}(x_i-x_{i-1}) + c_{i-1} = 3a_i(x_i-x_i)^2 + 2b_i(x_i-x_i) + c_i$$
$$3a_{i-1}(x_i-x_{i-1})^2 + 2b_{i-1}(x_i-x_{i-1}) + c_{i-1} = c_i \qquad (2)$$

Die Krümmungen der gekoppelten Teilkurven sind in allen gegebenen Punkten gleich, so dass gilt:
$S''_{i-1}(x_i) = S''_i(x_i)$, mit der zweiten Ableitung von $S_i(x_i)$: $S''_i(x) = 6a_i(x-x_i) + 2b_i$
also:

$$S''_{i-1}(x_i) = S''_i(x_i)$$
$$6a_{i-1}(x_i-x_{i-1}) + 2b_{i-1} = 6a_i(x_i-x_i) + 2b_i$$
$$6a_{i-1}(x_i-x_{i-1}) + 2b_{i-1} = 2b_i$$

Aus dieser Gleichung folgt:
$$a_{i-1} = (b_i - b_{i-1}) / 3(x_i-x_{i-1}) \qquad (3)$$

mit Form (3) und (2) folgt:
$$(b_i-b_{i-1})(x_i-x_{i-1}) + 2b_{i-1}(x_i-x_{i-1}) + c_{i-1} = c_i$$
$$(b_i+b_{i-1})(x_i-x_{i-1}) + c_{i-1} = c_i \qquad (4)$$

mit Form (3) und (1) folgt:
$$(b_i-b_{i-1})(x_i-x_{i-1})^2/3 + b_{i-1}(x_i-x_{i-1})^2 + c_{i-1}(x_i-x_{i-1}) + d_{i-1} = d_i$$
$$(b_i-b_{i-1})(x_i-x_{i-1})/3 + b_{i-1}(x_i-x_{i-1}) + c_{i-1} + d_{i-1}/(x_i-x_{i-1}) = d_i/(x_i-x_{i-1})$$
$$(b_i-b_{i-1})(x_i-x_{i-1})/3 + b_{i-1}(x_i-x_{i-1}) + c_{i-1} = (d_i-d_{i-1})/(x_i-x_{i-1})$$
$$c_{i-1} = (d_i-d_{i-1})/(x_i-x_{i-1}) - (b_i-b_{i-1})(x_i-x_{i-1})/3 - b_{i-1}(x_i-x_{i-1}) \qquad (5)$$
$$c_i = (d_{i+1}-d_i)/(x_{i+1}-x_i) - (b_{i+1}-b_i)(x_{i+1}-x_i)/3 - b_i(x_{i+1}-x_i) \qquad (6)$$

mit Form (5) und (6) in (4) folgt: eingesetzt:
$$(b_i+b_{i-1})(x_i-x_{i-1}) + (d_i-d_{i-1})/(x_i-x_{i-1}) - (b_i-b_{i-1})(x_i-x_{i-1})/3 - b_{i-1}(x_i-x_{i-1}) =$$
$$= (d_{i+1}-d_i)/(x_{i+1}-x_i) - (b_{i+1}-b_i)(x_{i+1}-x_i)/3 - b_i(x_{i+1}-x_i)$$

und
$$3(b_i+b_{i-1})(x_i-x_{i-1}) + 3(d_i-d_{i-1})/(x_i-x_{i-1}) - (b_i-b_{i-1})(x_i-x_{i-1}) - 3b_{i-1}(x_i-x_{i-1}) =$$
$$= 3(d_{i+1}-d_i)/(x_{i+1}-x_i) - (b_{i+1}-b_i)(x_{i+1}-x_i) - 3b_i(x_{i+1}-x_i)$$

und letztendlich:
$$(x_i-x_{i-1})b_{i-1} + 2(x_{i+1}-x_{i-1})b_i + (x_{i+1}-x_i)b_{i+1} = 3((d_{i+1}-d_i)/(x_{i+1}-x_i) - (d_i-d_{i-1})/(x_i-x_{i-1})) \qquad (7)$$

Mit $d_i=y_i$ ist auch die rechte Seite der Form (7) für $i>0$ und $i<n$ bekannt. Da alle jeweiligen x bekannt sind, lassen sich die b_i für $0<i<n$ mit einem linearen Gleichungssystem aus allen Gleichungen (7) ermitteln. Die Koeffizienten b_0 und b_n sind die (halben) Krümmungen im ersten und im letzten Punkt (lead in, lead out) werden hier 0 angenommen. Der Koeffizient b_n dienst der Ermittlung der Koeffizienten a_{n-1} und c_{n-1}.

	b_1	b_2	b_3	b_4	...	b_{n-3}	b_{n-2}	b_{n-1}
$i=1$	$2(x_2-x_0)$	x_2-x_1	0	0	...	0	0	0
$i=2$	x_2-x_1	$2(x_3-x_1)$	x_3-x_2	0	...	0	0	0
$i=3$	0	x_3-x_2	$2(x_4-x_2)$	x_4-x_3	...	0	0	0
...	...	...	...	...	...	...	...	...
$i=n-2$	0	0	0	0	0	$x_{n-2}-x_{n-3}$	$2(x_{n-1}-x_{n-3})$	$x_{n-1}-x_{n-2}$
$i=n-1$	0	0	0	0	0	0	$x_{n-1}-x_{n-2}$	$2(x_n-x_{n-2})$

Die rechte Seite ergibt sich aus (7) für die angegebenen Indizes. Die Lösungen rückwärts in (5) und (3) eingesetzt, folgen die Koeffizienten c_i und a_i. Soweit Mi. Dienst [Di-17].

Also gut. Unsere Modellwelle soll einen geringen Deklarationsaufwand haben. Weil B-Splines sehr viel können, brauchen wir weniger in ihre Deklaration stecken, vulgär gesprochen. Stellen wir doch einfach mal eine Wertetabelle auf für ein (Oberflächenwellen-) Strömungsereignis mit einer Art „Eröffnungsamplitude" und einem „Nachlauf"; im Verhältnis zwei zu eins.

Zuerst finden wir den Nulldurchgang beim Nulldurchgang und behaupten, dieser stellt sich ein mit einem positiven Punkt P(2,2) im Vorlauf und einem Punkt P(-1,-1) im Nachlauf des Wellenereignissen. Ganz vorne und ganz hinten soll alles wieder „neutral" sein. Wie wir unten in der Darstellung der Kurve sofort erkennen, schwingt das Signal ein wenig nach. Ersetzen wir Deklaration durch Code, also Datenbankprozesse durch Algebra, kostet uns diese kleine (natürliche) Nachbewegung weniger, als ein klassisches Lead-Out, Lead-In, wie es die Gaußkurve (ebenfalls auf natürliche Weise, sie ist eben nur positiv definiert) besitzt. Die Methode, die Herleitung der Formeln und die graphische Darstellung unten entnehme ich den Berechnungsergebnissen mit einem Programmsystem nach A. Brünner[8]. Das Verfahren liefert die Formeln für eine abschnittweise Berechnung der gesuchten Kurve.

Synthetische Laborwelle als B-Spline in generalisierten Koordinaten:

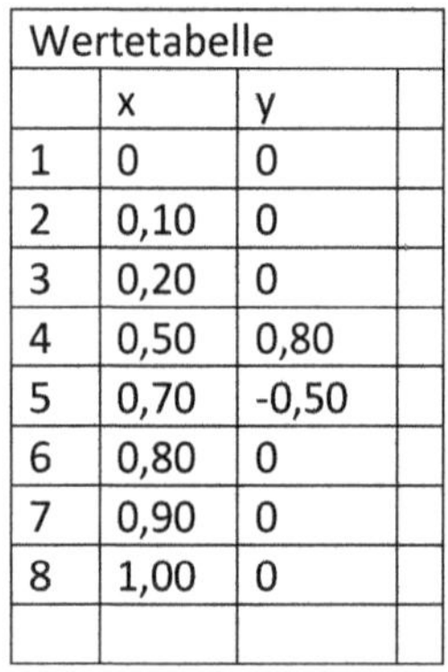

Wertetabelle			
	x	y	
1	0	0	
2	0,10	0	
3	0,20	0	
4	0,50	0,80	
5	0,70	-0,50	
6	0,80	0	
7	0,90	0	
8	1,00	0	

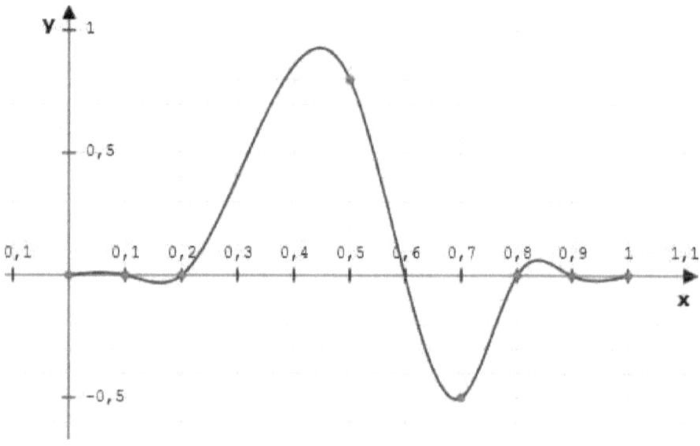

---

[8] Herleitung der Formeln und Darstellung G01 nach Brünner, A. / Siehe auch http://www.arndt-bruenner.de
Und ebenda: http://www.arndt-bruenner.de/mathe/scripts/kubspline.htm#rechner.

Intervall	Funktion
x aus [0; 0,1]	$y(x) = -26{,}047x^3 + 0{,}26x$
x aus [0,1; 0,2]	$y(x) = 130{,}237x^3 - 46{,}885x^2 + 4{,}949x - 0{,}156$
x aus [0,2; 0,5]	$y(x) = -94{,}819x^3 + 88{,}148x^2 - 22{,}058x + 1{,}644$
x aus [0,5; 0,7]	$y(x) = 233{,}495x^3 - 404{,}322x^2 + 224{,}178x - 39{,}395$
x aus [0,7; 0,8]	$y(x) = -496{,}514x^3 + 1128{,}695x^2 - 848{,}935x + 210{,}998$
x aus [0,8; 0,9]	$y(x) = 262{,}24x^3 - 692{,}315x^2 + 607{,}873x - 177{,}484$
x aus [0,9; 1]	$y(x) = -52{,}448x^3 + 157{,}344x^2 - 156{,}82x + 51{,}924$

Als Code wurde der Algorithmus in der C-basierten Sprache SciLAB[9] implementiert und dient weiter unten als dynamische Datenbasis für alle weiteren Berechnungen. Der Code berechnet des Sline einer Modellwelle in generalisierten Koordinaten.

```
function yy=GeneralWave(xx); // ################################################
// #######    generalisiertes Spline einer Modellwelle       ######################
// #######    Processing tool    bionic research unit 022019  ######################
//#################################################################################
global DONE BUSY PROCESS LOADED                          // globale Parameter
test = BUSY; disp("busy");                               // #### StatusMeldung
    yy= 0.0;  x=xx;  a0= 0.0;      a1= 0.0;      a2 = 0.0;      a3 = 0.0;
            // Koeffizienten   1        x            xx           xxx
        if x>0.0 & x<=0.1  then   a0= 0.0;       a1= 0.26;     a2 = 0.0;      a3 = -26.047;    end;
        if x>0.1 & x<=0.2  then   a0= -0.156;    a1= 4.949;    a2 = -46.885;  a3 = 130.237;   end;
        if x>0.2 & x<=0.5  then   a0= 1.644;     a1= -22.058;  a2 = 88.148;   a3 = -94.819;   end;
        if x>0.5 & x<=0.7  then   a0= -39.395;   a1= 224.178;  a2 = -404.322; a3 = 233.495;   end;
        if x>0.7 & x<=0.8  then   a0= 210.998;   a1= -848.935; a2 = 1128.695; a3 = -496.514; end;
        if x>0.8 & x<=0.9  then   a0= -177.484;  a1= 607.873;  a2 = -692.315; a3 = 262.24;    end;
        if x>0.9 & x<=0.10 then   a0= 15.924;    a1= -156.82;  a2 = 157.344;  a3 = -52.448;   end;
yy= a0 + a1*x + a2*x^2 + a3*x^3;
test=DONE; disp("Spline loaded");                        // ########### StatusMeldung
endfunction;
```

---

[9] Scilab ist ein umfangreiches, leistungsfähiges und freies Softwarepaket für Anwendungen aus der numerischen Mathematik, das ehemals am Institut national de recherche en informatique et en automatique (INRIA) in Frankreich seit 1990 als Alternative zu MATLAB entwickelt wurde und seit 2003 vom Scilab-Konsortium weiterentwickelt wird. Im Juli 2008 schloss sich das Scilab-Konsortium der Digiteo Foundation an; seit Juli 2012 erfolgt die Herausgabe und Entwicklung durch Scilab Enterprises. 2017 wurde Scilab Enterprises von der Firma ESI Group akquiriert.https://de.wikipedia.org/wiki/Scilab

Zur Theorie einer synthetischen Welle.

Betrachten wir ein Fluid in Ruhe; die ungestörte Phasengrenze sei eben. In einer (x,y)-Schnittebene bildet die Phasengrenze zwischen Luft und Wasser eine horizontale Linie. Eine Störung versetzt die Phasengrenze in Bewegung. Aber nicht nur diese. Alle Masseteilchen, auch jene die sich in der Nähe der Phasengrenze befinden, werden bewegt: in vertikaler Richtung, was unmittelbar einleuchtet und in horizontaler Richtung. Vertikale und horizontale Bewegungskomponenten können zu einer resultierenden Bewegung (vektoriell) zusammengefasst werden. Die Störung an der Phasengrenze ist die Ursache der Masseteilchen und stellt somit das Erzeugendensystem ihrer Bewegung. Ein Wellen-Erzeugendensystem wird in erster Linie durch seine Form, seine Kontur und seine Dynamik charakterisiert. In der Literatur spielen insbesondere die Absichten der Untersuchung und der Zweck der verwendeten Modelle die entscheidende Rolle. Auf was also zielen wir ab; was wollen wir wissen?
Mich interessiert die Strömungswirklichkeit unter der Phasengrenze; so etwa ein Bereich in der Größenordnung einer Wellenlänge. Mit der Tiefe unterhalb der Phasengrenze ändern sich auch die vertikalen und horizontalen Bewegungen, die Verschiebungen der Masseteilchen im Fluid. Werden die Verschiebungen über einen Zeitraum betrachtet, nehmen wir eine Geschwindigkeit jedes adressierten Masseteilchens wahr. Für das Modell einer synthetischen Welle sind die Geschwindigkeitskomponenten in vertikaler und horizontaler Richtung wesentlich. Die Dynamik, also Bewegung über die Zeit betrachtet und die herrschende Bewegungsgeschwindigkeit eines Masseteilchens zu jedem Zeitpunkt ist Gegenstand der nachfolgenden Untersuchung.
Eine Phasengrenze trennt unterschiedliche Fluide; in unserem Fall ist die Phasengrenze der diskrete Übergang von gasförmiger Phase Luft zum (flüssigen) Fluid. Betrachten wir zunächst Masseteilchen, die Element der Phasengrenze sind. Außer dem Luftdruck wirken weitere Kräfte auf ein Massenelement der Phasengrenze. Soll die Modellwelle die Physik der oben beschriebenen und sehr sympathischen Kapillarwelle besitzen, erkaufen wir uns durch diese Annehmlichkeit alle sinudialen Eigenschaften dieser einen Strömungswirklichkeit, denn auch die Kapillarwelle kennen wir nur als das Modell einer Kapillarwelle. Das etablierte Kapillarwellenmodell ist die Beschreibung eines periodischen Prozesses und verfolgt einen Sinus-Ansatz. Der allgemeine auch aperiodische und damit nichtsinudiale Vorgang kennt die Ausbreitungsgeschwindigkeit einer Störung der Länge λ und der Dauer T:

Ausbreitungsgeschwindigkeit $c = \lambda/T$

Der Wellenartefakt habe die Amplitude s. In der allgemeinen Wellengleichung taucht c^2 in folgender Form auf:

Wellengleichung: $(\delta^2 s/\delta t^2) = c^2 (\delta^2 s/\delta x^2)$

Die Wellengleichung in differentieller Form beschreibt formal eine Beschleunigung über eine Wegstrecke s, also $(\delta^2 s/\delta t^2)$ $[ms^{-2}]$.

Wellenausbreitungsgeschwindigkeit: $c^2 = (\delta^2 s/\delta t^2) / (\delta^2 s/\delta x^2)$

Die Physik der Phasengrenze ist kompliziert. Eine allgemeine Aussage muss die Kräfte der planaren Oberfläche, quasi einer Membran enthalten. Das mechanische Modell für eine Oberflächenspannung σ, das wir oben aufgerufen haben führt an dieser Stelle aber nicht weit genug. Formal ist ein Druck p, beziehungsweise eine Spannung $\sigma = F/A$, die Kraft F über einer Fläche A.
An einem Massenelement dm greift eine Kraft F an. Das muss man sich wieder so vorstellen, dass ein Massenelement ein mit Dichte behaftetes Volumenelement ist, $dm = \rho dV$. Das Modell eines Volumenelements seinerseits als ein kleines Würfelchen der Seitenlängen (dx,dy,dz) angesehen wird, und somit auch sechs kleine Flächen besitzt. Eine dieser kleinen Flächen ist gerade die Fläche A=dy dz. So schreiben wir das Volumenelement dv= A dx, und das kleine Massenelement $dm = \rho A dx$. Jede Kraft F kann als Term einer Masse mal einer Beschleunigung geschrieben werden: F=m a. In unserer Wellengleichung finden wir ja bereits die Beschleunigung $(\delta^2 s/\delta t^2)$. Die kleine Masse $dm = \rho A dx$ wird also mit der Beschleunigung a ein kleines Stück dx bewegt zu einer differentiell kleinen Kraftänderung dF.

Kraftänderung $\delta F = (\delta^2 s/\delta t^2) \rho A dx$

Wir gelangen also zu einer Spannung $d\sigma = dF/A = (\delta^2 s/\delta t^2) \rho dx$. Das schreiben wir jetzt noch ein wenig hübscher hin; das …

Differential der Spannung: $(\delta\sigma / \delta x) = \rho (\delta^2 s/\delta t^2)$

In der Mechanik der elastischen Körper ist die Dehnung ε gerade das Verhältnis

($\delta s/\delta x$) einer kleinen Verrückung ds nach dx. Das bekannte Hook'sche Gesetzt besagt dabei nichts anderes als dass die Spannung eine Funktion einer Stoffkonstanten, dem so genannten Elastizitätsmodul E und einer dem System aufgebrachten Verschiebung, Verzerrung (oder generalisiert Dehnung ε) ist, also die Spannung $\sigma = E\,\varepsilon = E\,(\,\delta s/\delta x\,)$ ist. Das soll jetzt wieder differenziert werden (ja, hier geht es halt rüber und nüber). Im Differential bleibt die Stoffkonstante erhalten: $(\delta\sigma/\delta x) = E\,(\,\delta^2 s/\delta x^2\,)$; das setzen wir nun in unsere Wellengleichung ein:

Wellengleichung: $(\,\delta^2 s/\delta t^2\,) = E/\rho\,(\,\delta^2 s/\delta x^2\,) = c^2\,(\,\delta^2 s/\delta x^2\,)$

Für ein Kontinuum ist die Wellengleichung erfüllt gerade dann, wenn c^2 eine Stoffkonstante ist. Die Physik der Phasengrenze ist aber nur „so in etwa" die einer Membran. Als Messgröße haben wir die Wellenausbreitungsgeschwindigkeit: $c = (L/T)$ als Laufzeitgesetz aufgeschrieben. Wir werden gleich sehen, dass das Fortschreiten der Welle in einer freien Dünung, der Fortschritt - einer „grünen Welle" wie ein Surfer sagen würde - alleine über die Gravitation, die Schwerkraft beschrieben werden kann: $c^2=(g\lambda/2\pi)$. Dies gilt aber nur für ein ausgereiftes, eher als stationär zu bezeichnendes System; und wie so häufig in der bösen Welt sind ihre Modelle nicht skaleninvariant, so dass wir für ganz kleine Maßstäbe eine Membran ansetzen müssen.

Im Term unten (Wellenzahl k= $2\pi/\lambda$) stammt der Faktor aus dem periodischen, sinudialen Ansatz über die Wellenausbreitung. Für den aperiodischen Fall können wir ihn für unsere synthetische Welle durch eine Funktion $\kappa=f(\lambda)$ ersetzen. Betrachten wir also einen universellen Ansatz und unterscheiden dann unterschiedliche Größenordnungen und Randbedingungen[10]. Die Wellenzahl k= $2\pi/\lambda$ kennzeichnet den periodischen, sinudialen Ansatz. Für die Frequenz f=1/T gilt dann:

Wellenfrequenz: $f^2 = g\,2\pi\,\tanh(2\pi h/\lambda)/\lambda = g\,k\,\tanh(k\,h)$.

Für die Wellenausbreitungsgeschwindigkeit der Sinusähnlichen schreiben wir den tradierten, universellen Ansatz nach Soulsby und Smallman (1986):

---

[10] Soulsby und Smallman (1986): A direct method of calculating bottom orbital velocity under waves. Technical Report. Hydraulics Research Wallingford. Also: Wave parameters, e.g., wave height, near-bed wave orbital velocity, and wave-induced shear stresses, are important hydrodynamic parameters for sediment processes in coastal oceans.

Wellenausbreitungsgeschwindigkeit: $c^2=(g\lambda/2\pi)+(2\pi\sigma/\rho\lambda)$ tanh($2\pi h/\lambda$)

Hierin bedeuten:

Wellenlänge	λ	[m]
Wassertiefe	h	[m]
Dichte	ρ	[kg m^{-3}]
Oberflächenspannung	σ	[N m^{-1}] !!
Gravitation	g	[m s^{-2}]

Bei den Ausführungen zur Kapillarwelle haben wir die (etwas befremdlich wirkende) Einheit der Oberflächenspannung erörtert; die Plausibilitätsbetrachtung über eine Dimensionsanalyse zeigt eine Konsistenz in den Einheiten: c^2[m^{2}s^{-2}] und (gλ/2π) [m^{2}s^{-2}] und (2$\pi\sigma$/$\rho\lambda$) tanh($2\pi h/\lambda$)[m^{2}s^{-2}].
Für die Hyperbelfunktionen gilt: sinh(x) = (e^x − e^{-x})/2 und cosh(x) = (e^x + e^{-x})/2 und tanh(x) = sinh(x)/cosh(x), sowie: sinh^2(x)+cosh^2(x)=1; letzteres wird gerne der hyperbolische Pythagoras genannt. Damit ist der Tangens Hyperbolikus tanh(x)=(e^x − e^{-x})/(e^x + e^{-x}) und sein Grenzwert geht für große x gegen eins. Die Wassertiefe h steht im Zähler des Arguments und bildet (quasi) über die Wellenlänge λ eine generalisierte Größe (h/λ) für die spezifische Wassertiefe eines Szenario ab. Große Wassertiefen h (im Vergleich zur Wellenlänge λ) lassen den hyperbolischen Term verschwinden, tanh(x) =1 und es gilt deshalb:

Wellenausbreitungsgeschwindigkeit: $c^2=(g\lambda/2\pi)+(2\pi\sigma/\rho\lambda)$
(Tiefenwelle)

Die so genannte „grüne Welle" ist das am häufigsten nachgefragte System bei der Simulation von Wasserwellen. Meistens möchte man Schiffbewegungen auf offener See untersuchen, oder grundsätzliche Betrachtungen anstellen. Der sinudiale Ansatz liefert hierfür eine sehr handliche Form. Bei großen Wellenlängen λ und genügend großer Wassertiefe h vereinfacht sich der Term:

Wellenausbreitungsgeschwindigkeit: $c^2=(g\lambda/2\pi)$
(Schwerewelle)

Ist dagegen die Wellenlänge sehr klein, dominieren Effekte der Oberflächenspannung σ das Geschehen an der Phasengrenze, so dass gilt:

Wellenausbreitungsgeschwindigkeit: $c^2 = (2\pi\sigma/\rho\lambda)$
(Kapillarwelle)

Wenn die Wassertiefe gering ist, dann ist der Tangens Hyperbolikus tanh(x)=x, relativ klein und nahe dem Koordinatenursprung. Für kleine Werte für ist der Tangens Hyperbolikus in etwa so groß wie sein Argument: tanh($2\pi h/\lambda$) = ($2\pi h/\lambda$). Dies ist natürlich eine extreme Vereinfachung, die allerdings in der Berechnungspraxis noch unterboten wird.

Wellenausbreitungsgeschwindigkeit: $c^2 = (g\lambda/2\pi)+(2\pi\sigma/\rho\lambda)\,(\,2\pi h/\lambda)$
(Flachwasserwelle)

Wenn bei einer Kapillarwelle die Wassertiefe gering ist, dann ist der Tangens Hyperbolikus so groß wie sein Argument und es dominieren Effekte der elastischen Phasengrenze:

Wellenausbreitungsgeschwindigkeit: $c^2 = (2\pi\sigma/\rho\lambda)\,(\,2\pi h/\lambda)$
(kapillare Flachwasserwelle)

Beim Entwurf einer Laborwelle stelle ich mir natürlich die Frage, wie weit ich mich mit einem synthetischen Modell und seiner Strömungswirklichkeit, von einem realen Geschehen entfernen darf. Natürlich betrachte ich das Wasser als inkompressibel und reibungsfrei, auch seien keine Wirbel vorhanden, die Strömung sei rotorfrei, was vor dem Hintergrund einer zu beschreibenden Orbitalbewegung widersprüchlich anmutet. Eine rotatorische Bewegung stelle ich mir immer als eine sich drehende Frisby-Scheibe vor. Alles dreht sich (rund) um ein gemeinsames Zentrum. Dem Beobachter in einem Lagrange-Koordinatensystem auf der Scheibe wird ein Rundumblick gewährt. Das sich mitbewegende Masseteilchen in einer rotorfreien Orbitalbewegung betrachtet seine Umgebung eher wie aus einer Gondel an einem Riesenrad. Wenn ich die Bewegung des Massenteilchen mit meinen Händen beschreibe, hat das eher etwas partyhaftes aus den 70ern.

Aufgrund der Rotorfreiheit ist das Wechselwirkungsgeschehen grundsätzlich einer potentialtheoretischen Betrachtung zugänglich. Gerade, wenn einzelne Wellenereignisse oder das Auftreten von Wellenpaketen beschrieben werden, fallen Begriffe wie Selbstphasenmodulation, Dispersion beziehungsweise Gruppengeschwindigkeitsdispersion und verweisen auf eine Physik, deren Berücksichtigung bei den großen Fragen unserer Zeit, beispielsweise der

Tsunami-Vorhersage als erheblich gewertet wird und erforderlich ist. Im Rahmen meiner Kampagne möchte ich die Modelle aber einfach halten und nur die hier erforderliche Wechselwirklichkeit modellieren. Die Begriffe seien aber kurz erörtert: Selbstphasenmodulation ist ein Effekt, der in nichtlinearen Medien auftritt und dazu führt, dass die Welle (im Verlauf ihres Lebens oder der Beobachtung dessen) eine Phasenverschiebung erfährt; in der Optik als Kerreffekt bekannt. Dadurch ändert sich auch die instantane Frequenz eines optischen Ereignisses (Puls), was zu einer Verzerrung der Frequenz (in Ausbreitungsrichtung: Blauverschiebung) und in der Verdünnungswelle rotverschoben erscheint. Derartige Effekte sind absolut spannend aber für unsere Laborwelle nicht relevant. Dispersion beschreibt die Abhängigkeit der Ausbreitungsgeschwindigkeit c einer Welle von ihrer Wellenlänge λ. Der Faktor κ ist eine Funktion der Wellenlänge: $\kappa(\lambda)$. In der allgemeinen Wellentheorie ist c_0 die Ausbreitungsgeschwindigkeit einer Störung im Vakuum! Obwohl es unsere Untersuchung nicht betrifft, soll auf die Nomenklator des verallgemeinerten Falls verwiesen werden mit:

Ausbreitungsgeschwindigkeit unter Dispersion: $c_N = c_0 / \kappa$

Bei Wellenpaketen – und dies wiederum könnte vor unserem Hintergrund interessant sein - spricht man von Gruppengeschwindigkeitsdispersion (GVD: group velocity dispersion bzw. GGD). Relevant für unsere Laborwelle soll ihre Formvarianz sein. Ich habe oben gezeigt, dass mit geringen Mitteln der Kurvendeklaration unterschiedliche Wellenformen initiiert werden können. Damit geht eine Entkopplung, ja eine vollständige Abkehr von den „Sinusförmigen", anheim. Die Laborwelle besitzt beschreibbare Eigenheiten von Solitonen immer

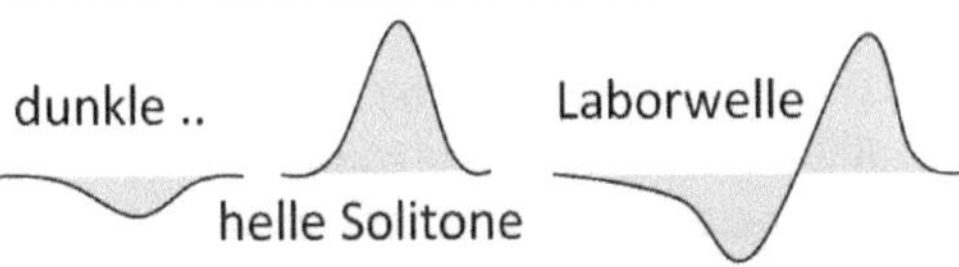

dann, wenn von aperiodischen, singulären Wellenereignissen die Rede ist; sie unterscheidet sich von Solitonen hisichtlich deren nichtlinearen Eigenschaften, der Abhängigkeit der Amplituden von den Wellenlängen. In der realen Welt entstehen bei einer wellenerzeugenden Störung fast immer mehrere Wellen mit unterschiedlichen Wellenlängen.

Wellengruppen fließen während ihres Fortschreitens über eine immer größer werdende Strecke auseinander. Dies erfolgt mit unterschiedlicher Fort-pflanzungsrichtung der Fraktionen. Durch die Geschwindigkeiten der Einzelwellen und durch den ständigen Austausch von Energie zwischen den einzelnen Wellen und den Bereichen vor und hinter der Wellengruppe wird die Wellengruppe immer länger, man muss also die Gruppengeschwindigkeit von der Wellenausbreitungsgeschwindigkeit der einzelnen Wellen unterscheiden. Dies werden wir nachfolgend nicht tun. Gleichsam soll die Kompaktheit der Solitonen, die nicht wie ein Wellenpaket auseinander läuft, Eigenschaft der Laborwelle sein. Die Literatur unterscheidet helle und dunkle Solitonen. Trotz ihrer gleichen Physik werden sie im Allgemeinen isoliert betrachtet; auch hier unterscheidet sich die Untersuchung der Laborwelle von rezenten Vorhaben. Verfolgen wir also den nicht-sinudialen, aperiodischen Ansatz.

Strömungsereignisse auf und unter der Phasengrenze

> *Die lineare Theorie nach Airy-Laplace. Bei Wasserwellen führen die Masseteilchen des Fluids eine Orbitalbewegung (von lateinisch orbis, Kreis) aus; sowohl an der Phasengrenze, als auch unterhalb dieser. In tiefem Wasser sind die Bahnen der Wasserteilchen beim Passieren einer Welle nahezu kreisförmig und in flachem Wasser eher elliptisch. M.F.*

Oberflächenwellen sind gut untersuchte Strömungsphänomene an der Phasengrenze von Fluidpaarungen. Es existieren Daten aus unzähligen Messungen, lineare und nichtlineare Theorien, Computermodelle und Berechnungsergebnisse aus Simulationen mit CFD-Programmsystemen (Computatiuonal Fluid Dynamics, CFD) und inzwischen auch mit gitterlosen Verfahren wie etwa der SPH-Methode[11] (Smoothed-particle hydrodynamics , SPH; deutsch: geglättete Teilchen-Hydrodynamik).
Anders als die Kapillarwellen, bzw. deren Modellvorstellungen, sind die Form und das Prozessverhalten von Schwerewellen in erster Linie von der Gravitation und weniger von den Oberflächenspannungen an der Phasengrenze bestimmt. Schwerewellen sind erstaunlich stabile Gebilde und bleiben über eine längere Zeit und über eine längere Laufstrecke erhalten. Form und Prozessverhalten erscheinen uns sinnfällig und vollständig verstanden, sind aber von enormer Komplexität. Konkurrierende Wellenmodelle verweisen meistens auf bevorzug-

---

[11] In Smoothed Particle Hydrodynamics wird die zu simulierende Flüssigkeit in Elemente aufgeteilt. Dabei werden, ähnlich den Monte-Carlo-Methoden, die Elemente zufällig über die Flüssigkeit verteilt. Um die Hydrodynamik in SPH zu formulieren, ist der scheinbar einfachste Ansatz die Grundgleichung in die hydrodynamischen Gleichungen wie z. B. die Navier-Stokes-Gleichung einzusetzen. Die daraus resultierenden Gleichungen sind allerdings nicht symmetrisch gegenüber Teilchenvertauschung.
https://de.wikipedia.org/wiki/Smoothed_Particle_Hydrodynamics

te Fragestellungen, unterscheiden sich durchaus in wichtigen Details, besitzen aber einen gemeinsamen Kern. In der Simulationspraxis wird in erster Linie nach der Robustheit und der Universalität der Modelle und Verfahren entschieden. Wir werden uns zunächst diesen Kriterien anschließen. Später werde ich den nicht-sinudealen, aperiodischen Fall der Laborwelle behandeln.

In einer ersten prinzipiellen Betrachtungsweise sei die idealisierte Wellenbewegung sinunsförmig; sie kann sich im Rahmen eines „sinudealen Modells" in ihrer Charakteristik den vorhandenen Randbedingungen entsprechend ändern und anpassen. Gemeinsam ist allen Wellenmodellen die in der Strömungsmechanik tradierte Nomenklatur. Wir erörterten oben: Wasserwellen pflanzen sich mit der Wellenfortschrittsgeschwindigkeit c aus, und die Dynamik jener Wasserwellen wird in erster Linie von Gravitation bestimmt. Hieraus resultierende Strömungsereignisse in der Nähe der Phasengrenze sind beispielsweise die Orbitalbewegungen der Wasserteilchen dort. Die Orbitalbewegung kann mit der Orbitalgeschwindigkeit v_O der Masseteilchen beschrieben werden. Wellen über tiefem Wasser generieren nahezu kreisförmige Orbitalbewegungen der Wasserteilchen. In flachem Wasser sind die Orbitalbewegungen in der horizontalen Ebene verflacht und etwa elliptisch. Ein Körper in der Nähe der Phasengrenze erfährt also eine zeitlich

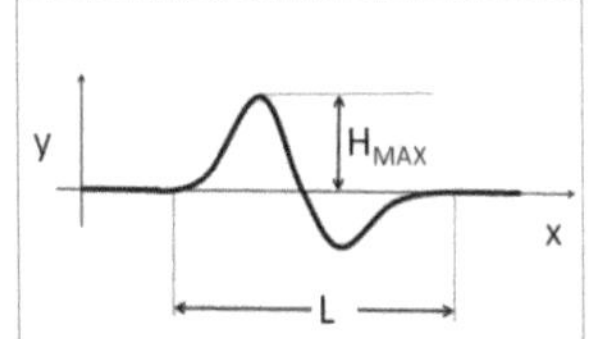

variante Driftgeschwindigkeit (Massentransportgeschwindigkeit v_U) in der gleichen Richtung der Wellenfortschrittsgeschwindigkeit c, die sehr viel größer sein kann: $c \gg v_U$. Für die Wellenfortschrittsgeschwindigkeit c gilt mit einer Wellenlänge L, der Wellenhöhe H und einer Wellenfrequenz $f=1/T$ die Beziehung: $c=L/T$. Ein weiterer beschreibender Parameter ist die Steilheit S der Welle: $S=H/L$. Die Abweichung von der theoretischen und exakt kreisförmigen Bahn der Orbitalbewegung ist auf die Massentransportgeschwindigkeit v_U zurückzuführen und erzeugt eine spiralförmige Orbitalbahn. Somit können wir zumindest eine theoretische Orbitalgeschwindigkeit v_O und eine theoretische Orbitalbeschleunigung a_O ermitteln, der wir unsere weiteren Betrachtungen zugrunde legen.

Orbitalgeschwindigkeit $\quad v_O = (2 \pi r)/T \quad = \pi H/T.$
Orbitalbeschleunigung $\quad a_O = \delta(2 \pi r)/T)/\delta t = \delta v_O/\delta t$

Mit einer weiteren, in den meisten Wellenmodellen[12] anerkannten Vereinfachung gehen wir davon aus, dass die Orbitalbewegung mit der Wassertiefe linear abnimmt und ab eine Tiefe von einer halben Wellenlänge vernachlässigt werden kann. Die Modellannahme der Wassertiefenskalierung der Orbitalbewegung wird für unser nachfolgend als „verharrender Volltaucher, der Phasengrenze nahe (vVPn) " Modell von (quantitativer) Bedeutung sein. Hierzu werden wir eine zeitliche und eine örtliche Auflösung der lokalen Strömung berechnen und zeigen, dass ein verharrender Strömungskörper eine oszillierende Fluidbewegung erfährt. Betrachten wir die Orbitalgeschwindigkeiten etwas genauer.

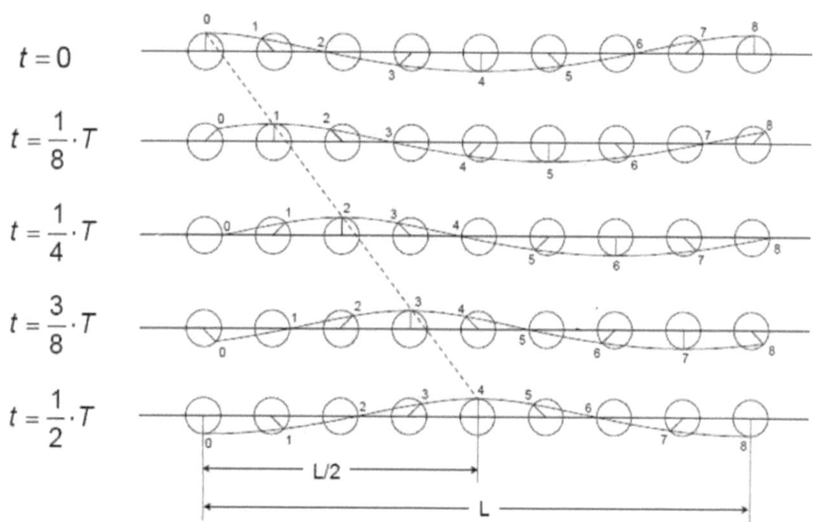

Die Skizze zeigt die Beobachtung der Welle in einem Eulerkoordinatensystem. Gleichzeitig bietet die körperfeste Betrachtungsweise nach Lagrange bei der Beobachtung mitbewegter Systeme, Fahrzeugen oder Lebewesen einige Vorteile. Wir werden nachfolgen zwischen diesen beiden Koordinatensystemen hin- und herwechseln. Eine Oberflächenwelle solle sich mit der Wellenausbreitungsgeschwindigkeit c, die sich von der Driftgeschwindigkeit v_U (Massentransportgeschwindigkeit) dahingehend unterscheidet, dass sie

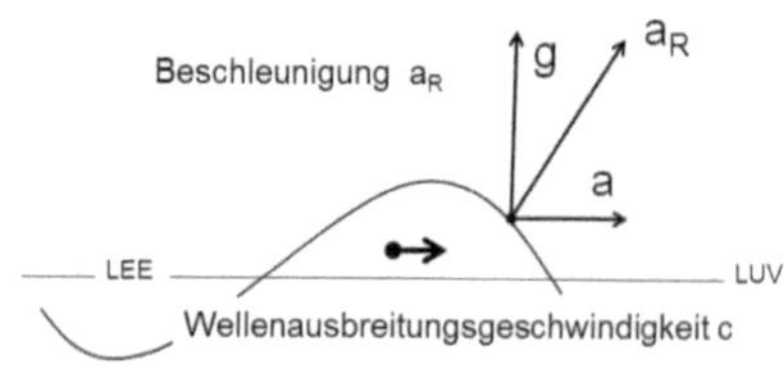

---

[12] https://de.wikipedia.org/wiki/Orbitalbewegung_(Wasserwellen)

zwar in die gleiche Richtung „läuft" aber sehr viel größer ist: $c >> v_U$ als diese. Ein Vorteil der Lagrange- Betrachtung ist, dass sich jetzt das Koordinatensystem mit der Wellenausbreitungs-geschwindigkeit c mitbewegt und später die potential-theoretische Betrachtung der Bahn- und Stromlinien in einer x-y-Ebene wie eine stationäre Strömung behandelt werden kann.

Das markante geometrische Merkmal einer Wasserwelle ist der je nach Wellenphase gegenüber der Horizontalen unterschiedlich geneigte Wasserspiegel, das markante physikalische Merkmal der Wasserwelle ist die Erdbeschleunigung g. Neben der Erdbeschleunigung ist eine weitere Beschleunigung a in Richtung der horizontalen Wellenausbreitungsrichtung wirksam. Der Wasserspiegel neigt sich in der Welle; die resultierende Beschleunigung a_R steht senkrecht (also normal) auf dem geneigten Wasserspiegel der Schwerewelle. Der Wasserspiegel, bzw. sein resultierende Normalenvektor führt eine periodische Bewegung aus. Wir werden gleich sehen, dass der Normalenvektor (senkrecht zur Phasengrenze) in Richtung eines Vektors r weist. In der Euler-Betrachtungsweise rotiert der Vektor r. Die horizontale Komponente a der resultierenden Beschleunigung a_R hat deshalb die Qualität einer (ist die) Zentrifugalbeschleunigung a. Wir haben oben angeführt, dass ein Punkt auf der wellenfömigen Wasseroberfläche einen Orbitalkreis ausführt. Nun sehen wir, dass der Vektor r gerade der Radius dieses Orbitalkreises ist und dort, wo dieser Vektor die Kreisbahn „zeichnet" das System eine Umfangsgeschwindigkeit hat. Die Geschwindigkeit w ist die Tangentialgeschwindigkeit auf der Kreisbahn; genauer auf der Orbitalbahn, denn ein genauer Kreis ist es nicht. Wir sehen jetzt, dass Tangential-geschwindigkeit w am Orbitalkreis der oben angeführten Orbitalge-schwindigkeit v_O entspricht. Aus rein geometrischen Gründen ist die Beschleunigung auf dieser Quasi-Kreisbahn $a = v_O{}^2 / r$ und ie Drehbewegung wird in der konstanten Periode T absolviert. T ist die Umlaufzeit, die dem Vorrücken der Welle um eine volle Wellenlänge L entspricht. Oben nannten wir die Wellenhöhe H. Die Wellenhöhe beträgt gerade zweimal den vertikalanteil des Vektors r. Das klingt reichlich kompliziert. Was wissen wir jetzt, ich fasse zusammen:

Normalen-Vektor, Radius des Orbitalkreises	r	[m]
Umfangsgeschwindigkeit am Orbitalkreis	w, v_O	[m s^{-1}]
Zentrifugalbeschleunigung	$a = v_O{}^2 / r$	[m s^{-2}]
Konstante Periode der Orbitalbewegung	T	[s]
Wellenhöhe	H	[m]
Wellenfortschrittsgeschwindigkeit	$c = L / T$	

Im körperfesten Lagrange-Koordinatensystem erscheint einem Beobachter die Welle strukturell stehend. Gleichzeitig sausen aber die Flüssigkeitsteilchen in ihren ortsfesten Orbitalbahnen mit großer Geschwindigkeit an ihm vorbei.

Der Lagrange-Betrachter beobachtet für ein Wasserteilchen im Wellental eine andere Geschwindigkeit als am Wellenkamm. Für die Bewegung der Partikel an der Wasseroberfläche nehmen wir an, dass sie für die Dauer einer Wellenperiode T Kreisbahnen mit dem Durchmesser H ($2r= H$) durchlaufen werden. Im Wellental hat das Partikelchen eine Geschwindigkeit $u_1=c+v_O$ und am Wellenkamm $u_2=c-v_O$. In einer Energiebilanz kann diese offensichtliche Diskrepanz näher untersucht werden. Vergleichen wir die kinetischen Energien eines Masseteilchens, dem Partikel mit der Masse m auf seine Weg vom den Wellenberg hinab zum Wellental, dann ist die Bilanz nicht ausgeglichen gleich Null, sondern sie unterscheiden sich um einen Betrag ΔW !

Orbitalgeschwindigkeit	$v_O =(2\pi r)/T = \pi H/T.$
Wellenfortschrittsgeschwindigkeit	$c = L / T$
Wellenkamm-Geschwindigkeit	$u_1 (t_1) =c+ v_O$
Wellental-Geschwindigkeit	$u_2 (t_2) =c- v_O$

Kinetische Energie:

$$(m/2)\, u_1^2 - (m/2)\, u_2^2 = \Delta W = (m/2)\,(c^2 + 2\, c\, v_O + v_O^2 - c^2 + 2\, c\, v_O - v_O^2)$$

$$(m/2)\, u_1^2 - (m/2)\, u_2^2 = \Delta W = (m/2)\,(4\, c\, v_O) = 2m\, v_O\, c$$

$$\Delta W = 2m\, v_O\, c$$

Dieser Verlust ΔW an kinetischer Energie kann natürlich nur aus der veränderten Lageenergie des Masseteilchens von Wellenberg zu Wellental stammen. Der Weg des Partikels von Wellenberg zu Wellental ist gerade die Höhe H oder der Durchmesser 2r des Orbitalkreises. Sehr elegant erhalten wir dieserart eine Aussage über die Orbitalgeschwindig-keit und die Wellenfortschrittsgeschwindigkeit, also:

Verlust ΔW an kinetischer Energie	$\Delta W = m\, g\, H = m\, g\, 2r = 2\, m\, v_O\, c$
Orbitalgeschwindigkeit	$v_O = g\, H / 2 / c$
Wellenfortschrittsgeschwindigkeit	$c = g\, H / 2 / v_O = g\, T / 2 / \pi$

Gerstner[13] konnte 1804 zeigen, dass Die Oberflächenwelle sinusartig aber nicht sinusförmig (sinudial) ist. Die Oberflächenwelle enthält offenbar Schwingungsanteile in Richtung der Wellenfortschrittsbewegung c (horizontal) und Anteile senkrecht zu c. Rein geometrische Untersuchungen zeigen, dass sich eine periodische Funktion mit diesen Eigenschaften am ehesten und annähernd mit der Abrollbewegung (Trochoide[14]) einer Kreisscheibe auf ebenen Grund beschreiben lässt. Wälzkurven wie Trochoiden sind bei der Getriebekonstruktion von Bedeutung und waren im frühen 19ten Jahrhundert vollständig beschrieben. Was die Beschreibung von Wasserwellen betraf, suchte man nach geschlossenen und damit praktikablen Lösungen. Trochoidenwellen sind dadurch charakterisiert, dass der Wellenberg kürzer und höher ist als das Wellental und damit eben nicht sinudial. Verfeinerungen folgen in den späteren Jahren von Stokes (1847); er zeigt, dass die Bahnlinien der Wasserteilchen nach einer Wellenperiode nicht geschlossen sind. Diese Erkenntnis Stokes ist von größerer praktischer Bedeutung als die sinudiale Diskrepanz der Trochoidenwelle. Heute wird in der Praxis gerne eine robuste lineare Wellentheorie nach Airy-Laplace (1845) verwendet, die eine der zirkularen Orbitalbewegung eine horizontale Driftgeschwindigkeit in Richtung der Wellenfortschrittsgeschwindigkeit c überlagert annimmt und ein symmetrisches Wellenprofil verwendet. Airy-Laplace basiert auf der Potentialtheorie und dem Energiesatz; die Oberflächenwellen sind sinudial. Somit können für die instationäre Wellenströmung geschlossene Lösungen für Wellenparameter gewonnen werden, etwa für Größe und Richtung der Orbitalgeschwindigkeiten und der Beschleunigungen. Airy-Laplace geht -anders als Gerstner- nicht von einer Tiefenwelle aus, sondern von einer endlichen Bodentiefe d. Was unseren Betrachtungen entgegenkommt. Mit Airy-Laplace werden wir für eine beliebige Tiefe y mit (y<L) die Orbitalbewegung beschreiben. Der Orbitalkreis ($A=\pi r^2$) der Tiefenwelle ist somit nur der Spezialfall[15] (a=b=H/2) der elliptischen Bewegung ($A= \pi a b$) der Flachwasserwelle mit dem horizontalen Halbmesser a und dem vertikalen Halbmesser b der Orbitalellipse.

---

[13] Franz Joseph Gerstner, seit 1810 Ritter von Gerstner (* 22. Februar 1756 in Komotau; † 25. Juni 1832 in Mladějov) war ein bedeutender deutsch-böhmischer Mathematiker und Physiker, Hochschulgründer und Pionier des Eisenbahnbaus.

[14] Eine Trochoide(= verkürzte Zykloide) wird beim Abrollvorgang einer Kreisscheibe (Radius R) vom Punkt P (Zeigerradius r) beschrieben.

[15] Die Kreisbewegung ist der Sonderfall der elliptischen Bewegung für y+d > L/2.

Dieserart gelangen wir zu algorithmierbaren Formen. Die Komponenten der Orbitalbahn in der Entfernung y unter der (Ruhelage) der Wasserwellenoberfläche:

Horizontal   a = H (cosh(2π(y+d)) / L) / (sinh (2πd /L))
Vertikal   b = H (sinh(2π(y+d)) / L) / (sinh (2πd /L))

Die Phasengrenze wird zu einem Extremfall (y=0) und sorgt für Vereinfachungen. In einer euler'schen Welt erhalten wir die horizontalen und die vertikalen Komponenten der Orbitalbahn an der Wasserwellenoberfläche:

Horizontal   a = H (cosh(2π(d)) / L) / (sinh (2πd /L))
Vertikal   b = H (sinh(2π(d)) / L) / (sinh (2πd /L))

Bei der Teilchenbewegung auf einer Ellipse ändert sich der Betrag der Geschwindigkeit kontinuierlich, wenn auch nicht linear. Maximale Geschwindigkeiten werden horizontal am Wellenberg und am Wellental generiert. Am Grund kommt es nach diesem Modell zu einer Überlagerung zweier entgegengesetzt drehender Orbitalbewegungen mit gleichen Radien. Folgen wir der Argumentation von Airy-Laplace, kann aus der Ableitung des Weggesetzes über a, bzw. b die vertikale Geschwindigkeitskomponente δb/δt=v und die horizontale Geschwindigkeitskomponente δa/δt=u berechnet werden. Unsere Ausgangsfrage behandelte einen Ort unter der Wasseroberfläche. Wir wollten Strömungsereignisse an diesem Ort beschreiben. Der dargelegte Pfad der Argumentation hat uns nun zu einer vektoriellen Orbitalgeschwindigkeit v_O=(u,v) geführt und wir können nun Aussagen über die Komponenten der vektoriellen Orbitalgeschwindigkeit in der Entfernung y unter (der Ruhelagenebene) der Wasserwellenoberfläche generieren:

Horizontal   u(y) = (H π/T) (cosh(2π(y+d))/L) (cos (2 π x/L)) / (sinh (2πd/L))
Vertikal   v(y) = (H π/T) (sinh(2π(y+d))/L) (sin (2 π x/L)) / (sinh (2πd/L))

Die geschlossene Lösung ist reflexiv, wenn auch in einer gewissen Hinsicht ungenau. Die vektorielle Orbitalgeschwindigkeit kann aus den Komponenten ermittelt werden; somit gilt natürlich die Beziehung: v_O^2=u^2+v^2.
Über ein stehendes Objekt unterhalb der Ruhelagenebene (in Euler-Koordinaten) ziehen die Strömungsereignisse hinweg. Wir wollen wissen, was zu

welchem Zeitpunkt geschieht. Und wir wollen ermitteln, wie intensiv das Strömungsereignis ist. Uns interessieren also die maximalen horizontalen Geschwindigkeiten unter den Wellenbergen (x=0) und Wellentälern (x=L/2) auf, die maximalen vertikalen Geschwindigkeiten an den (Kurven-) Wendepunkten (x=L/4 und x=3L/4) an beliebigen Orten y.

Horizontal $u_{MAX} = u(x=0,y)$ = (H π / T) (cosh(2π(y+d)) / L) / (sinh (2πd /L))
Vertikal $v_{MAX} = v(x=L/4,y)$ = (H π / T) (sinh(2π(y+d)) / L) / (sinh (2πd /L))

Der Ort Wasseroberfläche, als y=(H/2) am Wellenberg und y=-(H/2) am Wellental interessiert ebenfalls besonders:

Horizontal   u = u(y=+(H/2)) = (H π/T) (cosh(2π((H/2)+d)) / L)/(sinh (2πd/L))
Vertikal   u = u(y= - (H/2)) = (H π/T) (cosh(2π(- (H/2)+d))/L)/(sinh (2πd/L))

Oberflächenwellen nach Airy-Laplace basieren auf der Potentialtheorie, dem Eergiesatz und sind sinudial. Sie beschreiben geschlossene Lösungen für Wellenparameter, etwa für Größe und Richtung der Orbitalgeschwindigkeiten und der Beschleunigungen. Airy-Laplace geht -anders als Gerstner- nicht von einer Tiefenwelle aus, sondern von einer endlichen Bodentiefe d.
Geschwindigkeit ist eine intensive Größe, was dem Leser vielleicht suggeriert, dass die hier betrachtete Orbitalgeschwindigkeit groß sei. Nein, die Geschwindigkeiten sind selbst im deformierten Orbitalsystem in ihren Spitzenwerten kleiner als die Wellenausbreitungsgeschwindigkeit und eher gering.
Beispiel: In einer zweidimensionalen Betrachtungsebene erscheint eine Oberflächenwelle (mit L, T, H, c). Die Wassertiefe ist d. Auf einer Tiefe y soll die maximale horizontale Orbitalgeschwindigkeit ermittelt werden. [16]

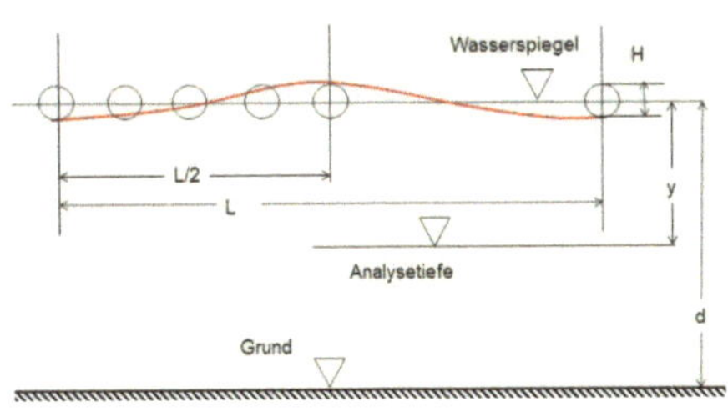

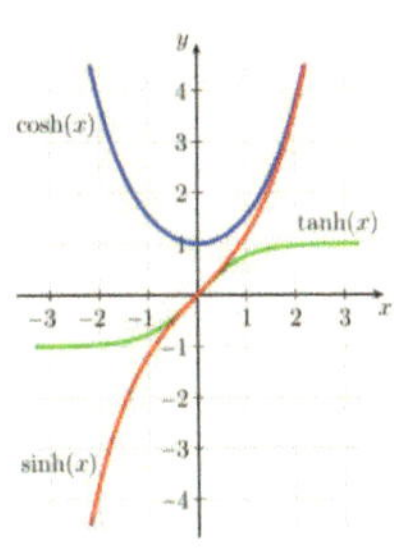

---

[16] https://rechneronline.de/trigonometrie/hyperbel.php

Wellenlänge	L	$= 4\ m$
Grundtiefe	d	$= 2\ m$
Untersuchte Wassertiefe	y	$= 1\ m$
Wellenhöhe	H	$= 0.2\ m$
Wellenausbreitungsgeschwindigkeit	c	$= 0.5\ m/s$
Periodendauer	$T = L/c$	$= 8\ s$

Maximale horizontale Orbitalgeschwindigkeit u_{MAX}:

$$u_{MAX} = (H\,\pi\,/\,T)\,(\cosh(2\pi(y+d))\,/\,L)\,/\,(\sinh(2\pi d\,/L))$$

mit $\sinh(x) = \tfrac{1}{2}(e^{x} - e^{-x})$ und $\cosh(x) = \tfrac{1}{2}(e^{x} + e^{-x})$ und mit den Zahlenwerten folgt

mit $\cosh(3\pi/2) = 55.531$; und $\sinh(\pi) = 11.53$; und $(H\,\pi\,/\,T) = 0.0785$

Max. horizontale Orbitalgeschwindigkeit $u_{MAX} = \mathbf{0.38\ m/s}$

Zusammenfassung. Der Aufsatz behandelt synthetische Wellen und deren Strömungswirklichkeit an und nahe der Phasengrenze. Das Geometrie-Modell einer „aperiodisch-singulären Laborwelle" wird durch Ersatzfunktionen vollständig abgebildet und die theoretischen Grundlagen ihrer Physik erörtert. Die das Wellenereignis hervorrufenden Störungen sind von kleiner Intensität und die synthetische Laborwelle besitzt Eigenschaften des klassischen Kapillarwellenmodells. Die aperiodische Laborwelle ist in generalisierten Koordinaten beschrieben. Die Ausführungen sind Grundlage für numerische Modelle.
Das Instrument „Laborwelle" steht nun für Simulationen zur Verfügung. Es kann zu Reihenuntersuchungen herangezogen werden um grundsätzliche Aussagen über das Strömungsgeschehen unter einer Oberflächenwelle zu generieren. Letztendlich soll die synthetische aperiodische Laborwelle aber als Referenz existieren immer dann wenn es darum geht, Strömungsphänomene an der Phasengrenze in der biologischen und in der abiotischen Welt zu erklären.

Michel Felgenhauer, Berlin im Frühjahr 2019

Bibliographie und weiterführende Literatur

[DUB-95]   Dubbel, Handbuch des Maschinenbaus, Springer Verlag Berlin, 15.Auflage 1995.

[Eppl-90]   Richard Eppler: Airfoil Design and Data. Springer, Berlin, New York 1990.

[Fren-94]   French, M.: Invention and Evolution: design in nature and engineering. Cambridge University Press. Cambridge 1994.

[Fren-99]   French, M.: Conceptual Design for Engineers. Berlin, Heidelberg, New York, London, Paris, Tokio: Springer: 1999

[Guen-98]   Günther, B., Morgado, E. (1998) Dimensional analysis and allometric equations concerning Cope's rule. Revista Chilena de Historia Natural 71: 331-335, 1989

[Gör-75]   Görtler, H. Diemensionsanalyse. Berlin Springer 1975

[Hüt-07]   Hütte, 2007, 33. Auflage, Springer Verlag. S.E147

[Hux-32]   Huxley, J.S. (1932) Problems of relative Growth. London: Methuen.

[Katz-01]   Joseph Katz, Allen Plotkin: Low-Speed Aerodynamics (Cambridge Aerospace Series) Cambridge University Press; 2 edition (2001)

[PaBe-93]   Pahl. G.; Beitz, W.: Konstruktionslehre, 3.Auflage. Berlin-Heidelberg-New York-London-Paris-Tokio: Springer 1993

[Shar-69]   Sharma, S.D. 1969 Some results concerning the wavemaking of a thin ship. *J. Ship Research*, **13**, 72-81.

[Zie - 72]   Zierep, J. (1972) Ähnlichkeitsgesetze und Modellregeln der Strömungslehre. Karlsruhe: Braun Verlag 1972.

Anhang:

Zusammenfassung der Berechnungsgleichungen

Umfangsgeschwindigkeit am Orbitalkreis	v_O	$[m\,s^{-1}]$
Zentrifugalbeschleunigung	$a = v_O^2 / r$	$[m\,s^{-2}]$
Konstante Periode der Orbitalbewegung	T	$[s]$
Wellenhöhe	H	$[m]$
Wellenfortschrittsgeschwindigkeit	$c = L / T$	
Bodentiefe	d	$[m]$

Orbitalgeschwindigkeit	$v_O = (2\,\pi\,r)/T \;= \pi\,H/T.$
Orbitalbeschleunigung	$a_O = \delta\,(2\,\pi\,r)/T)/\delta t \;= \delta v_O/\delta t$

Orbitalgeschwindigkeit	$v_O = (2\,\pi\,r)/T \;= \pi\,H/T.$
Wellenfortschrittsgeschwindigkeit	$c = L / T$
Wellenkamm-Geschwindigkeit	$u_1\,(t_1) = c + v_O$
Wellental-Geschwindigkeit	$u_2\,(t_2) = c - v_O$

Kinetische Energie:

$$(m/2)\,u_1^2 - (m/2)\,u_2^2 = \Delta W \;= (m/2)\,(c^2 + 2\,c\,v_O + v_O^2 - c^2 + 2\,c\,v_O - v_O^2)$$
$$(m/2)\,u_1^2 - (m/2)\,u_2^2 = \Delta W \;= (m/2)\,(4\,c\,v_O)\; = 2m\,v_O\,c$$
$$\Delta W \;= 2m\,v_O\,c$$

Verlust ΔW an kinetischer Energie	$\Delta W = m\,g\,H = m\,g\,2r = 2\,m\,v_O\,c$
Orbitalgeschwindigkeit	$v_O = g\,H/2/c$
Wellenfortschrittsgeschwindigkeit	$c = g\,H/2/v_O = g\,T/2/\pi$

Dieserart gelangen wir zu algorithmierbaren Formen. Die Komponenten der Orbitalbahn in der Entfernung y unter der (Ruhelage) der Wasserwellenoberfläche:

Horizontal	$a = H\,(\cosh(2\pi(y+d))\,/\,L)\,/\,(\sinh(2\pi d\,/L))$
Vertikal	$b = H\,(\sinh(2\pi(y+d))\,/\,L)\,/\,(\sinh(2\pi d\,/L))$

Die Phasengrenze wird zu einem Extremfall (y=0) und sorgt für Vereinfachungen. In einer euler'schen Welt erhalten wir die horizontalen und die vertikalen Komponenten der Orbitalbahn an der Wasserwellenoberfläche:

Horizontal	$a = H\,(\cosh(2\pi(d))\,/\,L)\,/\,(\sinh(2\pi d\,/L))$
Vertikal	$b = H\,(\sinh(2\pi(d))\,/\,L)\,/\,(\sinh(2\pi d\,/L))$

Der dargelegte Pfad der Argumentation hat uns nun zu einer vektoriellen Orbitalgeschwindigkeit $v_O = (u,v)$ geführt und wir können nun Aussagen über die Komponenten der vektoriellen Orbitalgeschwindigkeit in der Entfernung y unter (der Ruhelagenebene) der Wasserwellenoberfläche generieren:

Horizontal	$u(y) = (H\,\pi/T)\,(\cosh(2\pi(y+d))/L)\,(\cos(2\,\pi\,x/L))\,/\,(\sinh(2\pi d/L))$

Vertikal $\qquad$ $v(y) = (H \pi/T) (\sinh(2\pi(y+d))/L) \ (\sin (2 \pi x/L)) \ / (\sinh (2\pi d/L))$

Horizontal $\qquad$ $u_{MAX} = u(x=0,y) \qquad = (H \pi / T) (\cosh(2\pi(y+d)) / L) \ / (\sinh (2\pi d /L))$

Vertikal $\qquad$ $v_{MAX} = v(x=L/4,y) \qquad = (H \pi / T) (\sinh(2\pi(y+d)) / L) \ / (\sinh (2\pi d /L))$

Der Ort Wasseroberfläche, als $y=(H/2)$ am Wellenberg und $y=-(H/2)$ am Wellental interessiert ebenfalls besonders:

Horizontal $\qquad$ $u = u(y=+(H/2)) = (H \pi/T) (\cosh(2\pi((H/2)+d)) / L)/(\sinh (2\pi d/L))$

Vertikal $\qquad$ $u = u(y= - (H/2)) = (H \pi/T) (\cosh(2\pi(- (H/2)+d))/L)/(\sinh (2\pi d/L))$

Implementation in der C-basierten Sprache SciLab.

```
function [u, v ]=ANALYSE_000_Orbital(x,y,d,H,L,T);
  pi=3.1416;
  //  H [m] WellenHoehe in generalisierte Koordinaten
  //  L [m] WellenLaenge in generalisierte Koordinaten
  //  T [s] Periodendauer
  //  x [m] horizontale Koordinate im Orbitalbereich
  //  y [m] vertikale Koordinate im Orbitalbereich
  //  d [m] generalisierte Wassertiefe
  u = 0.0; // [m/s] horizontale GeschwindigkeitsKomponente im Orbitalbereich
  v = 0.0; // [m/s] vertikale GeschwindigkeitsKomponente im Orbitalbereich
  //Horizontal   u(y) = (H pi/T) ( cosh(2pi(y+d))/L) (cos (2 pi x/L) ) / ( sinh (2 pi d/L) )
  //Vertikal     v(y) = (H pi/T) ( sinh(2pi(y+d))/L) (sin (2 pi x/L) ) / ( sinh (2 pi d/L) )
  k00  = H*pi/T;
  k11 = cosh(2*pi*(y+d)/L);
  k12 = cos(2*pi*x/L);
  k13 = sinh(2*pi*d/L);
  u = k00 *k11 * k12 / k13;
  k21 = sinh(2*pi*(y+d)/L);
  k22 = sin(2*pi*x/L);
  k23 = k13;
  v = k00 *k21 * k22 / k23;
endfunction;
```

Berechnungsergebnisse

Variation der Wellenhöhe H, bei konstantem L, T, d						
H	m	H=0.005	H=0.01	H=0.015	H=0.02	H=0.025
L	m	0.10	0.10	0.10	0.10	0.10
T	m	1.0	1.0	1.0	1.0	1.0
d	m	0.3	0.3	0.3	0.3	0.3
Vo_{RESmax}	ms^{-1}	0.0195137	0.0522392	0.1048854	0.1871893	0.3131975
Vo_{Hmin}	ms^{-1}	- 0.0188238	- 0.0503461	- 0.1009915	- 0.1800742	- 0.3010161
Vo_{Hmax}	ms^{-1}	0.0005601	0.0011415	0.0017445	0.0023699	0.0030184
Vo_{Vmin}	ms^{-1}	- 0.0087957	- 0.0206014	- 0.0361894	- 0.0565085	- 0.0827214
Vo_{Vmax}	ms^{-1}	0.0104216	0.0265893	0.0513146	0.0885554	0.1439999

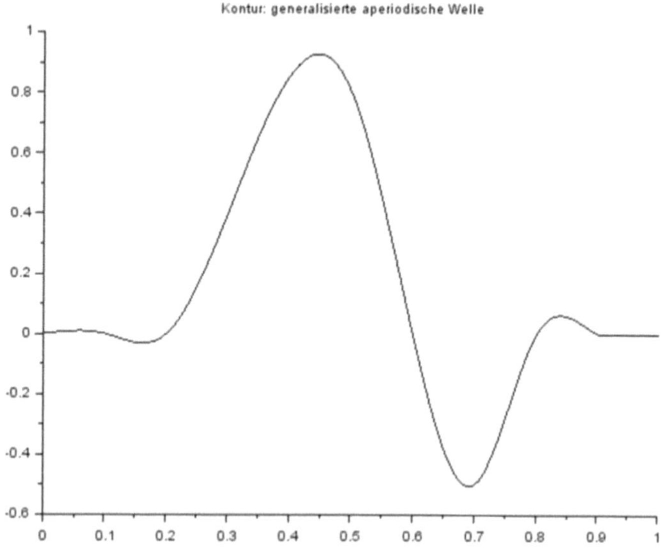

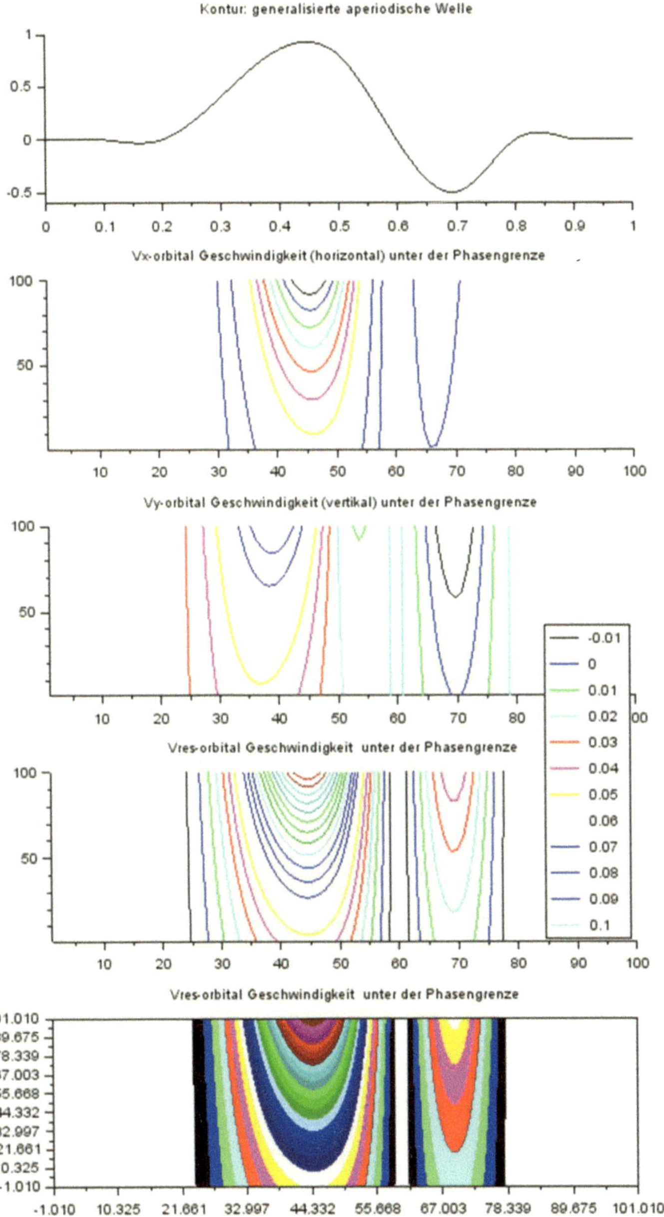

Kontur: generalisierte aperiodische Welle
Vx-orbital Geschwindigkeit (horizontal) unter der Phasengrenze
Vy-orbital Geschwindigkeit (vertikal) unter der Phasengrenze
Vres-orbital Geschwindigkeit unter der Phasengrenze
Vres-orbital Geschwindigkeit unter der Phasengrenze
-0.01
0
0.01
0.02
0.03
0.04
0.05
0.06
0.07
0.08
0.09
0.1

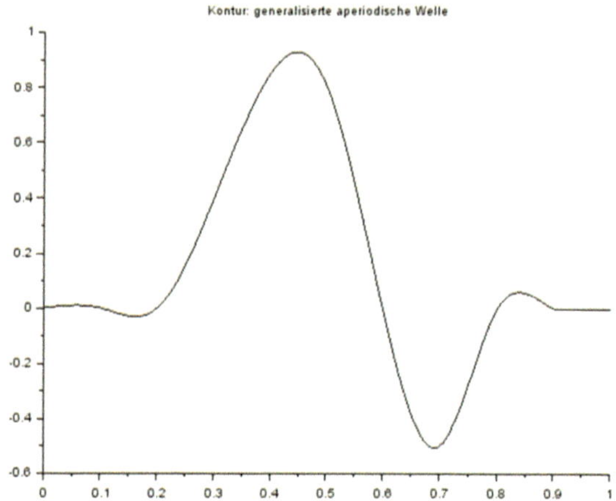
Kontur: generalisierte aperiodische Welle

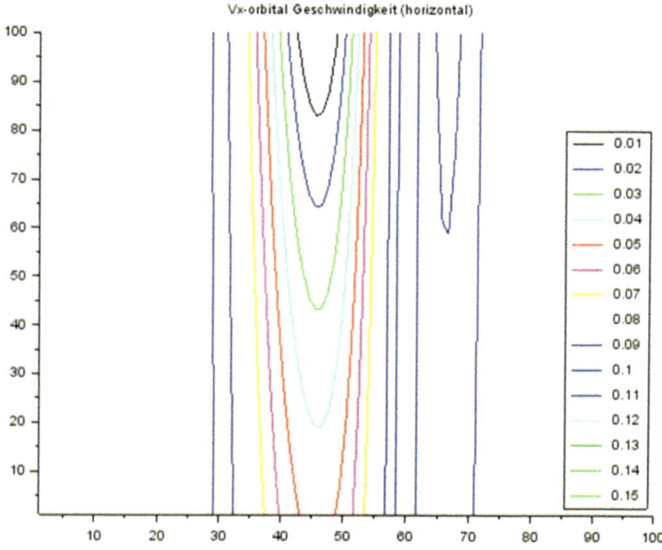
Vx-orbital Geschwindigkeit (horizontal)
0.01
0.02
0.03
0.04
0.05
0.06
0.07
0.08
0.09
0.1
0.11
0.12
0.13
0.14
0.15

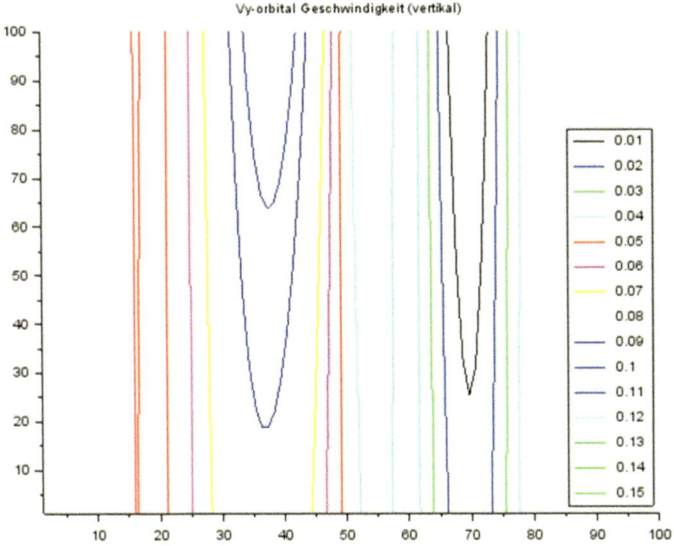
Vy-orbital Geschwindigkeit (vertikal)
0.01
0.02
0.03
0.04
0.05
0.06
0.07
0.08
0.09
0.1
0.11
0.12
0.13
0.14
0.15

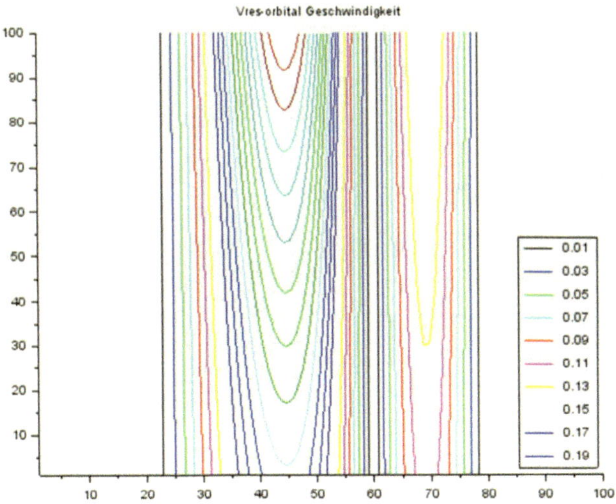
Vres-orbital Geschwindigkeit
0.01
0.03
0.05
0.07
0.09
0.11
0.13
0.15
0.17
0.19

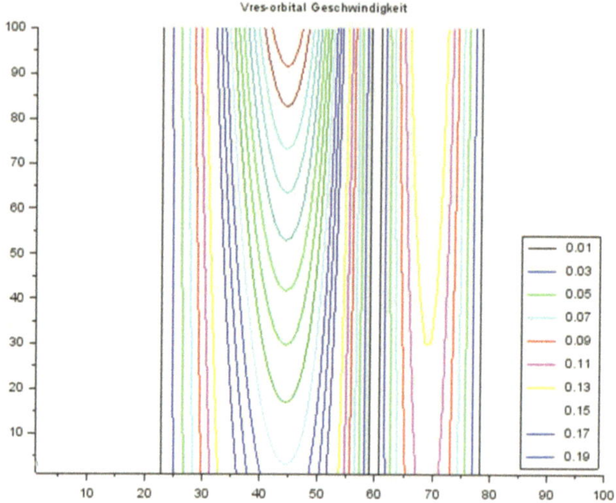

Vres-orbital Geschwindigkeit
0.01
0.03
0.05
0.07
0.09
0.11
0.13
0.15
0.17
0.19

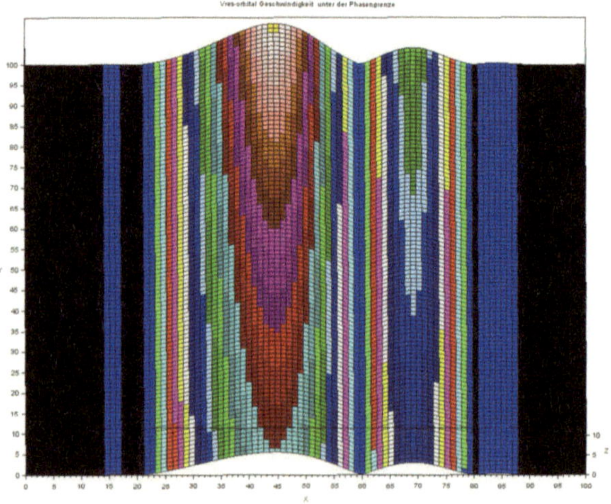

Vres-orbital Geschwindigkeit unter der Phasengrenze

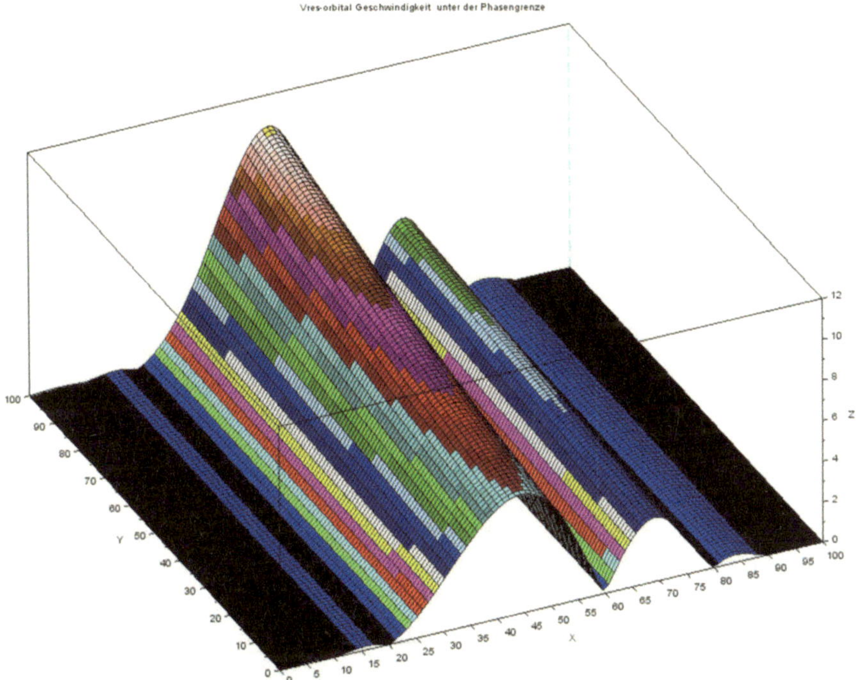

Vres-orbital Geschwindigkeit unter der Phasengrenze
Z
Y
X

Synthetische Laborwelle als B-Spline in generalisierten Koordinaten:

Wertetabelle			
	x	y	
1	0	0	
2	0,10	0	
3	0,20	0	
4	0,50	0,80	
5	0,70	-0,50	
6	0,80	0	
7	0,90	0	
8	1,00	0	

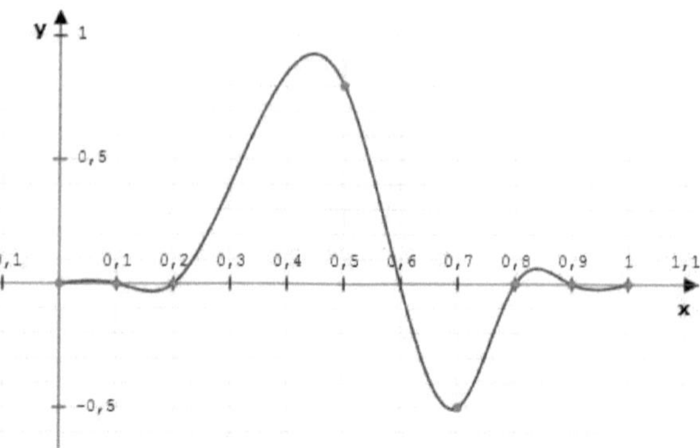

Intervall	Funktion

x aus [0; 0,1] $y(x) = -26{,}047x^3 + 0{,}26x$

x aus [0,1; 0,2] $y(x) = 130{,}237x^3 - 46{,}885x^2 + 4{,}949x - 0{,}156$

x aus [0,2; 0,5] $y(x) = -94{,}819x^3 + 88{,}148x^2 - 22{,}058x + 1{,}644$

x aus [0,5; 0,7] $y(x) = 233{,}495x^3 - 404{,}322x^2 + 224{,}178x - 39{,}395$

x aus [0,7; 0,8] $y(x) = -496{,}514x^3 + 1128{,}695x^2 - 848{,}935x + 210{,}998$

x aus [0,8; 0,9] $y(x) = 262{,}24x^3 - 692{,}315x^2 + 607{,}873x - 177{,}484$

x aus [0,9; 1] $y(x) = -52{,}448x^3 + 157{,}344x^2 - 156{,}82x + 51{,}924$

```
function yy=GeneralWave(xx); // ###############################################
// #######     generalisiertes Spline einer Modellwelle      ###################
// #######     Processing tool    bionic research unit 022019  #################
//############################################################################
global DONE BUSY PROCESS LOADED                         // globale Parameter
test = BUSY; disp("busy");                              // #### StatusMeldung
    yy= 0.0;  x=xx;  a0= 0.0;      a1= 0.0;     a2 = 0.0;      a3 = 0.0;
            // Koeffizienten    1        x          xx         xxx
        if x>0.0 & x<=0.1  then   a0= 0.0;      a1= 0.26;    a2 = 0.0;     a3 = -26.047;    end;
        if x>0.1 & x<=0.2  then   a0= -0.156;   a1= 4.949;   a2 = -46.885;  a3 = 130.237;  end;
        if x>0.2 & x<=0.5  then   a0= 1.644;    a1= -22.058; a2 = 88.148;   a3 = -94.819;  end;
        if x>0.5 & x<=0.7  then   a0= -39.395;  a1= 224.178; a2 = -404.322; a3 = 233.495;  end;
        if x>0.7 & x<=0.8  then   a0= 210.998;  a1= -848.935; a2 = 1128.695; a3 = -496.514; end;
        if x>0.8 & x<=0.9  then   a0= -177.484; a1= 607.873;  a2 = -692.315; a3 = 262.24;   end;
        if x>0.9 & x<=0.10 then   a0= 15.924;   a1= -156.82;  a2 = 157.344;  a3 = -52.448;  end;
yy= a0 + a1*x + a2*x^2 + a3*x^3;
test=DONE; disp("Spline loaded");                       // ########## StatusMeldung
endfunction;
```

Berlin 24. April 2019

Berlin im Frühjahr 2019